# 幸福公式

[德] 米苏夫人　著
谭秋果　译

青岛出版集团 | 青岛出版社

Madame Missou entdeckt das Glück
© 2017 GABAL Verlag GmbH, Offenbach
Published by GABAL Verlag GmbH
Simplified Chinese Language Translation Copyright © 2022
by Qingdao Publishing House Co., Ltd., arranged through CA-LINK
International LLC. (www.ca-link.cn)

山东省版权局著作权合同登记号　图字：15-2021-238

**图书在版编目（CIP）数据**

　幸福公式 / (德) 米苏夫人著；谭秋果译. — 青岛：青岛出版社，2022.1
　ISBN 978-7-5552-8720-9

　Ⅰ.①幸… Ⅱ.①米… ①谭… Ⅲ.①女性 - 幸福 - 通俗读物 Ⅳ.①B82-49

中国版本图书馆CIP数据核字（2021）第279623号

| | | |
|---|---|---|
| | XINGFU GONGSHI | |
| 书　　名 | 幸福公式 | |
| 著　　者 | [德] 米苏夫人 | |
| 译　　者 | 谭秋果 | |
| 出版发行 | 青岛出版社 | |
| 社　　址 | 青岛市崂山区海尔路182号（266061） | |
| 本社网址 | http://www.qdpub.com | |
| 邮购电话 | 0532-68068091 | |
| 策　　划 | 周鸿媛　王　宁 | |
| 责任编辑 | 王　韵 | |
| 特约编辑 | 孔晓南 | |
| 封面设计 | 毕晓郁 | |
| 照　　排 | 青岛乐道视觉创意设计有限公司 | |
| 印　　刷 | 青岛乐喜力科技发展有限公司 | |
| 出版日期 | 2022年1月第1版　2022年1月第1次印刷 | |
| 开　　本 | 32开（710毫米×1000毫米） | |
| 印　　张 | 3.25 | |
| 字　　数 | 40千 | |
| 书　　号 | ISBN 978-7-5552-8720-9 | |
| 定　　价 | 29.80元 | |

编校印装质量、盗版监督服务电话　4006532017　0532-68068050
建议陈列类别：心理自助　励志

# 前言

在电影和电视剧中，快乐的人随处可见。这类人往往保持着健康向上的心态，拥有一份能够体现自我价值的工作和甜蜜的爱情。他们常常开怀大笑，总是能把快乐的情绪传递给身边的人。可惜，这些都是虚构出来的。但是，我们总是自觉或不自觉地将他们视作榜样，他们激励着我们去寻找自己的幸福。

正因如此，当我们发现收获幸福并不是一件容易的事的时候，心中的失落感就会非常强烈。那么，幸福究竟是什么？哪些东西能够为我们带来幸福？在这个世界上，到底有没有一个获取幸福的公式？如果有，为什么了解它的奥秘的人如此之少呢？

我曾经尝试借助于幸福学研究的最新成果以及医学和生物学的知识，去追寻幸福的足迹。在这一过程中，我也和身边那些利用自己独有的方式收获了幸福的朋友进行了大量的交流。在这本幸福指南中，你将收获大量关于如何树立良好心态、规划幸福人生的方法，同时，你也将了解到那些在旁人眼中事业有成、诸事顺利的人，幸福指数不一定总是那么高的原因。

　　抱歉，我还没有做自我介绍：我是米苏夫人。对我来说，端着一杯拿铁和我最好的朋友闲谈，就足以让我感到幸福！

　　**最后，希望你在这场追求幸福的旅程中有所收获！**

米苏夫人

# 目录

幸福是什么 — 1
- 幸福感是与生俱来的 — 6
- 幸福是一种态度,而不是目标 — 10
- 幸福感是可以通过训练获得的 — 12

获得幸福感的25个方法 — 16
- 停止抱怨和自怨自艾 — 17
- 认清自己的需求 — 21
- 认识和克服恐惧 — 25
- 规划幸福 — 29
- 学会爱自己 — 32
- 接纳不完美 — 34

- 卸下包袱,轻装上阵 36
- 营造自己喜欢的环境 41
- 以乐观的态度对待失败 42
- 活在当下 48
- 打破惯例 51
- 将自己放在第一位 54
- 用心捕捉生活中的"小确幸" 56
- 挖掘激情 58
- 以体验美好生活代替消费 62
- 合理膳食与适量运动 64
- 经常微笑 69
- 给他人带去快乐 70
- 维护良好的人际关系 71
- 迎接新挑战 75
- 营造健康的亲密关系 76

- 拥抱大自然　　　　　　79
- 善用色彩和气味　　　　81
- 休息与放松　　　　　　84
- 心怀感恩　　　　　　　86

结语　　　　　　　　　　91

# 幸福是什么

德国作家斯特凡·克莱因认为：幸福源于躯体，是我们与生俱来的感觉。当我们得到了某种渴求已久的东西时，当我们置身于让人心情舒畅的境遇中时，我们往往会有幸福的感觉。幸福的感觉如此美妙，以至于人们总是在追求幸福，并且希望自己能一直幸福下去。

为什么会出现这种现象呢？这可以从生物进化的角度来加以解释：在人类历史上，一些能够提升幸福感的行为方式曾起到促进人类生存和繁衍的作用，而生存和繁衍恰恰是人类的本能。

幸福学从其他课题中分离出来，成为一些人单独研究的对象，这还是从近些年才开始的。目前,大多数人认为,幸福是一种由于身体分泌某些物质而产生的主观的舒适感。在这里,恰恰存在着一个很多人都有的思维误区:世界上存在一个适用于所有人的幸福公式。

注意！世界上并没有适用于所有人的幸福公式。

实际上，这样的公式是不存在的，因为幸福感在很大程度上源于个体的感受，触发因素也是各式各样、因人而异的。

人们常常犯的另一个错误就是将幸福与满足画等号。很多心理学家认为，幸福是一种感受或状态，而满足是一种对事情的评价或反应。在这个世界上，幸福的感受往往是相似的，但是满足感的强弱往往因为受到社会因素和个人期待的影响而大相径庭。这使我们可以得到这样一个结论：不满足的人，也能感受到幸福；不幸福的人，也能够感到满足。

听起来是不是有点难以理解？别着急，读完接下来的章节，或许你就能茅塞顿开。

## 画重点

无数的事实都揭示了这一点:每个人收获幸福的方式是不同的。因此,找到属于自己的幸福公式才是最重要的。

## 幸福感是与生俱来的

幸福是我们的一种与生俱来的感觉,至少对于大多数人来说是这样。我们的基因决定了我们的身体会分泌像5-羟色胺(又称血清素)、多巴胺、催产素这样能让我们感受到幸福和快乐的物质。除此之外,每个人天生的性格特征也会影响其对幸福的感知能力。许多科学研究表明,拥有外向型人格的人更容易与幸福相伴,而拥有神经质人格(容易焦虑、常常自我否定或自我压抑)的人则往往难以感受到幸福。

直白地说,拥有外向型人格的人心态更为开放,更渴望与外界接触,喜欢追求刺激,充满能量。他们的性格在很大程度上决定了他们更容易产生幸福感。

而拥有神经质人格的人本身就很敏感,且

容易紧张、焦虑。一个人的情绪越紧张、越焦虑,就越容易受到消极刺激的影响,越难产生幸福感。

**现在，我有一个好消息要告诉你：** 研究表明，生理和性格特征对人们幸福感强弱的影响不是决定性的。只要树立正确的心态，积极投身于那些有利于增强幸福感的活动，即使先天条件并不好，也能够有较强的幸福感。

**因此，无论从哪个角度来说，** 寻找和步入属于自己的幸福之路的努力都是值得的。

此外，物质生活条件、社会地位、年龄、性别和智力水平等因素并不会对一个人幸福感的强弱产生显著的影响，这些因素更多的是影响人们满足感的强弱。

幸福与否,往往取决于你自己。

## 幸福是一种态度,而不是目标

当被问及人生的愿望和目标是什么的时候,许多人都会这样回答:

我的天哪,这真是一个巨大的误解!人们常常把幸福视作一个需要经过长途跋涉、苦苦追寻才能实现的终极目标。但是幸福学研究者对此提出了质疑。他们认为,幸福并不是一种目标,而是一种对待生活的态度。

这意味着,一方面,我们需要学会如何好好地经营人生;另一方面,改变对待幸福的态度和自己的心态同样至关重要。我们要明白，世界上并不存在终极的幸福状态，而那些把自己看作幸运儿的人，往往更容易觉得幸福。

也就是说，对于遇到困难、阻碍等所谓的不幸，我们要看淡一些，将目光集中在美好的事情上。即使是那些"天生的幸运儿"也会经历失败和挫折，但是他们会尝试淡化这些"不幸的事"的影响，竭尽全力地克服困难，更多地将目光集中在美好的时刻和幸运的事上，并保持乐观，认为那些美好的时刻和幸运的事还会再次降临在自己身上。对于那些在别人看来微不足道的幸运时刻，他们的感知也比一般人更为敏锐。这种积极的心态的确能够为他们带来实实在在的幸福感。

换一句话说：**正确、积极的心态，往往能让一个人成为真正的幸运儿！**

## 幸福感是可以通过训练获得的

尽管人们感受幸福的能力在一定程度上是由先天因素决定的,但事实上,我们也可以通过后天的训练来提高感知幸福的能力。

我们可以训练和改变自己的思维方式和行为,以便更容易产生幸福感。例如:有意识地将自己置身于能够让自己感到幸福和快乐的环境中,以此锻炼我们的"幸福力"。当我们全身心地投入那些能够给我们带来快乐的事情中(比如听一场美妙的音乐会,参与一场与老友们的聚会,吃一顿丰盛的晚餐),并将我们的注意力转向那些幸福的时刻和感觉时,我们的幸福力就能够得到进一步的提升,因为这会对我们不断构建新的联系网络的大脑产生影响。当这种练习的数量积累到一定程度的时候,我们就能够改变自己在面对某一件事时的反应和感受。也就是说，通过不断捕捉幸福来加强我们对幸福的感知力，我们就能够学会如何有意识地体验和感受幸福，这会对提升我们的幸福感水平产生长远的影响。经过一段时间的训练，我们就会发现，在日常生活中，我们已经能够更加轻松地收获快乐和幸福。原因很简单：因为我们在有意或无意地关注能让人产生幸福感的事物，而不是鸡蛋里挑骨头，让自己为不幸的事所困。

听起来是不是特别棒？**赶快尝试一下吧！**

## 画重点

幸福和心态相关,并且能够通过训练来获得。也就是说,要学会在日常生活中创造能让自己感到幸福的时刻,并全身心地投入其中。幸福的时刻和美好的事物往往存在于善于观察的人的眼中。

# 获得幸福感的25个方法

我们越觉得自己不幸福，就会越竭尽所能地挣扎着去寻找幸福。在这个过程中，我们会十分信赖一些主观臆想出来的所谓的窍门、不专业的心理学知识和指导意见，追求立竿见影的效果。虽然有一些很简单的方法能立刻提升我们的幸福感，比如吃巧克力或者躺在沙滩上晒太阳，但是我们不可能一直做这些事，所以我们不得不去寻找其他能让幸福感长久保持的方法。事实上，这样的方法是存在的，而且非常之多，接下来我就会为你介绍25个能让人获得幸福感的方法。但是要记住，所有方法的效果都是因人而异的，你必须凭借自身的努力找到适合自己的获得幸福感的方法。

**希望你能够从下面这些方法中获得启发和灵感，并找到最适合自己的幸福之道！**

# 停止抱怨和自怨自艾

有些人似乎一出生就得到了上苍的眷顾,运气爆棚,而有些人却总是霉运缠身。如果后者只是在一段时间内情绪低落、自怨自艾是完全可以理解的,但是一些自认为非常不幸的人总是摆脱不了这种负面情绪。他们总是在抱怨,将自己视作受害者。我有一位名叫汉娜的女性朋友曾经就是这样。

当汉娜的女同事获得升职加薪的机会时,她认为这一定是女同事天天穿短裙、秀美腿的功劳;当汉娜兜兜转转、始终无缘寻觅到自己心目中的白马王子时,她会将过错归咎到那些"迟钝、愚笨"的男人身上,认为是他们有眼无珠,白白错过了自己这个优秀的女人。

**总的来说,以下因素会影响人们获得长久的幸福感:**

- 长期自怨自艾,导致负面情绪持续堆积。
- 嫉妒周围那些看起来很幸福的人。
- 总是消极、被动地等待幸福的来临,而不是主动出击去寻找幸福。

承认自己有这些思维方式和行为是一回事,克服它们是另外一回事,因为这需要付出很大的努力和代价。但是请相信,这样的付出是值得的!汉娜就成功地实现了从被动到主动、从消极到积极的转变。经过努力,她的生活已经焕然一新:她没有再一直抱怨职场上的不顺和委屈,而是逐渐放开手脚，开始新的尝试，终于找到了一份更适合自己的新工作。在那里，她迅速地适应了新的工作环境，每天都非常活跃，这也得益于她在那里遇到了一位非常友善的新同事。直到今天，她们仍然经常在私下会面。

你的幸福,你来定义!

##  认清自己的需求

你身边是否有这样一位女性朋友：她对自己的每一任男朋友都曲意逢迎，处处考虑男朋友的感受和利益而不是自己的需求，为了他赴汤蹈火，奉献自己的一切，却在半年之后坐在你家的沙发上抽泣，因为她（再一次）被对方抛弃了。尽管这听起来像是一个八点档电视剧中会出现的人物，但是实际上，在现实生活中，我们经常会遇到这样的人。

这告诉了我们一个简单的道理：想要收获幸福，首先要重视自己，了解自己的需求。只有认清自己的爱憎喜恶，才能够忠于自己，收获幸福。就像一位学者曾经说的："如果人们想通过需求

得到满足来收获幸福感,首先要分清哪些需求的满足能够让自己感到幸福。"

在这里,我还想补充一点:我们不仅需要分辨清楚自己的需求,还要时不时地进行审视和反思。很多时候,人们一旦认定了自己的需求和相关的目标,就会紧紧抓住它们不放,并天真地认为它们不会发生变化。其实,在追求幸福的过程中,人们的需求和目标是会随着时间的流逝而改变的。今天觉得重要的,明天可能会觉得不过如此。所以,我想告诉所有想要收获幸福的人:

**认清自身的需求并定期进行审视和反思,有助于收获幸福!**

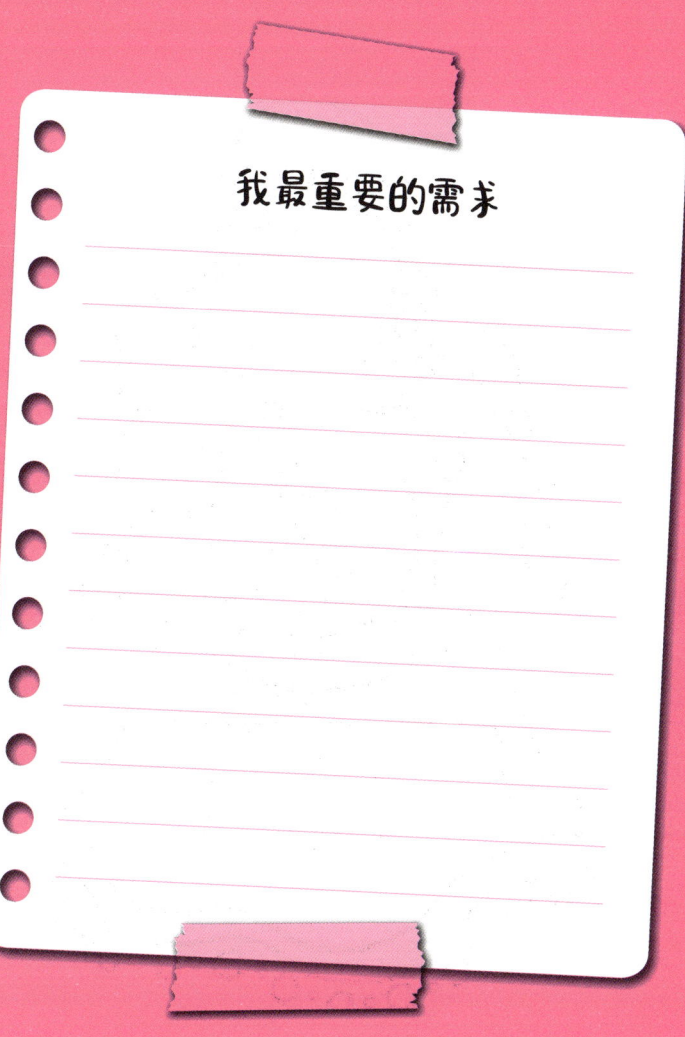

 **认识和克服恐惧**

许多人心里其实特别清楚做哪些事能够给自己带来幸福,但是他们常常被恐惧支配,不敢踏上追求幸福的道路。恐惧这种消极情绪往往会在不经意间影响我们的一举一动。

恐惧原本是人类的一种自我保护机制,但是在我们追求幸福的征程上,它成了一个巨大的阻碍,因为它会影响我们的判断和决定,阻止我们采取实际行动去实现目标、获得幸福。充分认识自己的恐惧是对自己保持诚实的一个必要条件。而认识和克服恐惧的第一步,就是列出自己的"恐惧清单"。

**开始行动吧,直面那些让你感到恐惧的事!**

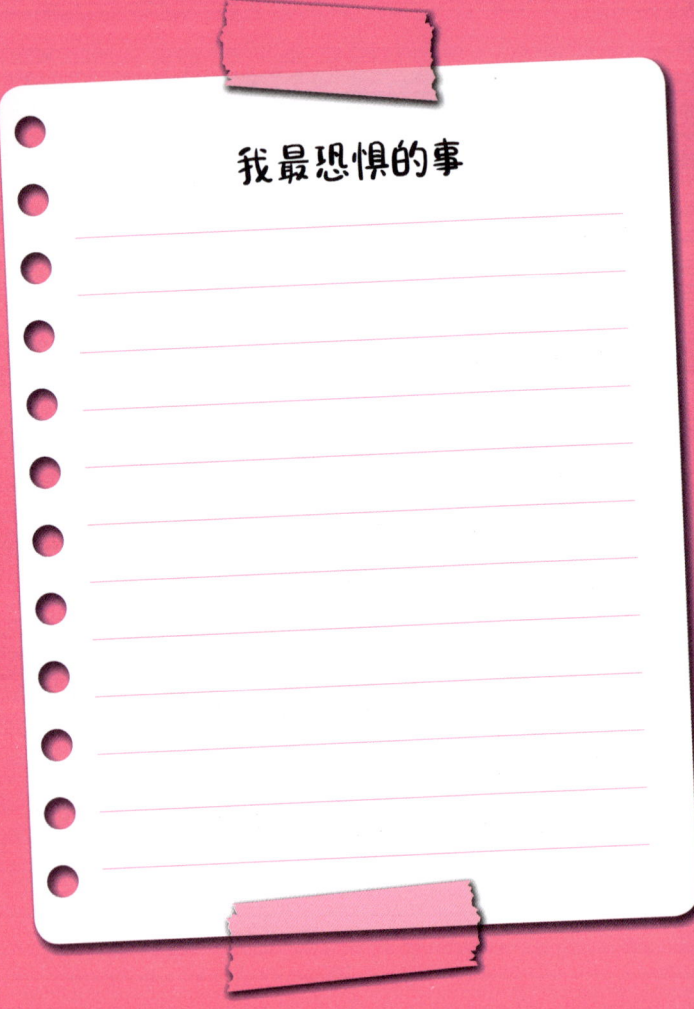

## 我最恐惧的事

不过,认识到问题的存在是一回事,解决它是另一回事。克服恐惧的一个重要前提是:你要彻底弄清楚恐惧产生的原因。

你可以问自己以下问题:我为什么对此事感到恐惧?我的哪些经历导致了恐惧的产生?采取哪些措施有助于克服恐惧?这些措施又会产生哪些影响?

除了自己思考这些问题,更好的方式是**与挚友交流一下**。当情况很严重时,向心理医生求助也是完全可行的。不管选择哪种方式,都要记住,做这一切的首要目标是认识和克服那些直接阻碍你实现目标、获得幸福的恐惧心理。

终有一天你会明白,指望通过买彩票中头奖来收获幸福的想法是不切实际的。

 ## 规划幸福

有些人认为,幸福是上天的一种恩赐,只属于少数"天选之子"。但是事实是,人们的确可以通过精心谋划来获得幸福。

我认为,如果你清楚地知道自己目前的情况(比如情绪状态、能力、特长、阅历等)和目标,就可以确定实现目标的必要步骤,并一步步地完成,从而收获幸福。

你可以这样做:全面地思考哪些做法能够帮助你实现目标,根据个人能力有针对性地制订计划,同时也不要忘了制订具体的时间表或者进度表。这样能够让你更有动力去奋斗,即使距离实现最终的目标还有很长的路要走。

与制订具体的行动计划同等重要的是,要明确在实现目标的道路上哪些东西对你有帮助,哪

些东西会阻碍你。如果你从一开始就知道自己的帮手和障碍是什么，就能更好地利用前者、避开后者，从而更好地朝着目标前进。

我的建议：

　　设定力所能及的目标。很多时候，我们都以为拥有带有游泳池的豪华别墅或者豪车才算幸福，但事实上，豪华别墅和豪车的拥有者并不总是比普通人更幸福。因此，你应该为自己设定力所能及的目标，然后尽情地享受实现目标的过程给你带来的快乐。

 **学会爱自己**

认识一个人并与之相爱,同时对方也深深地爱自己,这是许多单身的人最想实现的愿望。听起来这似乎不难实现,但是在现实生活中并非如此。建立健康的亲密关系需要双方有健全的人格,但很多人并不懂得如何爱自己,也就是说,不具备"自爱"的能力。尽管自爱听起来好像跟以自我为中心或者自恋差不多,但是它的确是我们需要具备的一种能力。想获得幸福,最重要的就是要学会爱自己,接纳自己所有的特点(包括所有的优点和缺点)。我们必须对自己充满自信,为自己所取得的成就感到自豪。这也是建立健康的人际关系的基础。

遗憾的是，许多人并没有意识到爱自己的重要性。例如：一些人总是把自己与那些拥有完美身材的人做比较，并且对自己提出过高的要求，导致自己丧失自信，高度依赖他人的评价，认为只有得到外界的肯定才能证明自己是有价值的和值得被爱的。这是一个十足的谬论。令人惊讶的是，生活中抱有这样的想法的人随处可见，这些想法也成为这些人追求幸福的道路上的拦路虎。

那些懂得自爱并认可自身价值的人，往往勇于追求爱情，相信自己值得被他人喜欢。**适度的自爱能够赋予一个人必要的力量和自信，并且有助于他实现目标。**想要拥有一个幸福、满足并且受自己支配的人生，懂得自爱非常重要。

 **接纳不完美**

我们必须承认这样一个事实：没有人是完美的。但是，许多人在日常生活和职场中过于追求完美。坦白地说，这种对于完美主义的过分追求是通往幸福的道路上的一大障碍。无论从哪个角度来看，我们生活的世界和我们自己都是不完美的。对于完美的过分追求使许多人承受了不必要的压力。

首先，请勇敢地接纳不完美的自己吧！与其每天因为无法实现的目标而唉声叹气，不如主动学习如何接纳不完美的自己。如果我们能够走出自己给自己设下的牢笼，用75%而不是100%的标准来要求自己，那么我们不仅能够以更快的速度完成每天的工作，还能够拥有更开阔的视野。

学会知足常乐!

# 卸下包袱，轻装上阵

你是否非常熟悉下面这些场景：日历上写满了密密麻麻的日程，衣柜里塞满了各式各样的衣服，但是你总是感觉不知道该做什么、该穿什么；许久不见的朋友偶尔打来电话，在电话里向你哭哭啼啼地抱怨生活或工作中的不如意，于是你的心情更糟糕了……

你有没有察觉，很多在你看来习以为常的"小事"却在无形中增加了你的心理负担？即使是你最期待的约会，有时也会变成一个甩不掉的包袱，让人无心享受。当你出于习惯而不是真心需要而购物，当你因为朋友的要求而在电话铃声响起时立马接通电话……是时候改变习惯，给你的生活卸下不必要的物质和情感包袱了！

我的建议：

　　想卸下包袱？我的许多朋友都做出了这样的尝试，但是普遍是在经历了一场巨大的危机之后。后来，他们都给出了同样的建议：我们应当尽早地对自己的生活状态进行调整，卸下包袱，轻装上阵。一个人不应该总是在经历了危机之后才意识到人生应当掌握在自己手中，才有勇气卸下不必要的物质和情感包袱。

第一步，你需要认真审视自己的生活，坚定地做出调整生活状态的决定。做法并不难，但是你必须有勇气和想要改变的强烈意愿。

接下来，开始行动吧！首先，学会时间管理。列出自己需要处理的事务的优先级，然后按照顺序一件一件地处理。其次，清理掉毫无用处的物品。最后，学会拒绝。或许你尚且能够应付海量的任务，整理乱七八糟的物品，但是面对朋友或者同事，你很难保证次次都能回应他们的期望，满足他们的需求。这时，他们的失望很可能就会变成你的情感负担。所以你需要学会拒绝，为自己争取更多的空间，从而更好地满足自身的需要。你也会因此获得做自己人生的主人的勇气。

**毫无疑问，这是通往幸福道路上的非常重要的一步！**

只留下喜欢的、能带给你快乐的物品。

##  营造自己喜欢的环境

我们基本上都会认同下面这个观点:保持积极乐观的心态有利于增强幸福感。事实上,营造一个自己喜欢的环境也能起到同样的作用。例如:把家装饰成自己喜欢的样子,会让你更加热爱生活,收获满满的能量。无论是选择夸张的后现代风格还是偏爱大气端庄的中式古典风格,无论是想要放满生机勃勃的绿色植物还是坚持极简

主义的装潢布置——只有你自己才知道,哪些东西能够让你感到幸福。如果一个人每天都能够在他喜欢的颜色和装饰品的陪伴下醒来,或者在清晨因为看到自己最喜欢的一幅画而笑容满面,那么他的一天一定是在轻松愉悦、积极向上的氛围中开始的。

##  以乐观的态度对待失败

许多心理学类的书籍中都有这样的观点：失败不会导致世界末日的到来。不仅如此，失败中往往蕴藏着机遇，因为失败的经历能够磨炼一个人的意志。这个观点不无道理，但是并不是对每一个人来说都是这样。

我们必须承认，失败的经历会让人痛苦，而且摆脱这种痛苦并非易事。失败会让我们感到不

安和焦虑，侵蚀我们的自信，使我们怀疑自己的想法。当失败与被拒绝、当众出丑等联系在一起的时候，它带给我们的痛苦会更大。

能否从失败中寻找机遇还与是否能正确面对失败有关。那些尝试采取一切措施来阻止失败的发生的人会将自己置于巨大的压力之下。而当失败来临时，那些性格怯懦的人会在很长一段时间里都深陷焦虑的情绪旋涡之中，一方面是因为失败这件事本身，另一方面则是因为失败带来的耻辱（比如社会地位下降）。当失败已经无可避免的时候，过分焦虑只会导致一个人贬低自我价值，极端情况下还会让人陷入绝望之中。显而易见，处于这种状态中的人是无法从失败中获益的。

所以，当失败来临时，我们应该如何做，才能摆脱失败的阴影，从战胜失败的过程中获得幸福感呢？

首先，我们要明确一点，那就是失败并不是洪水猛兽，我们需要体验失败，从失败中不断吸取经验和教训，在摆脱失败的阴影、从头再来的过程中锤炼意志。战胜失败的经历是一笔无比宝贵的财富。如果我们能够从一场令人刻骨铭心的失败中吸取宝贵的经验教训，积极地想办法从失败的阴影中走出来，那么我们往往能够获得更高层次的幸福感。

其次，我们要学会如何正确地面对失败。其中最关键的一点在于，我们要认识到失败的原因。重要的不是失败这件事本身，而是我们是如何走向失败的。只有明确了这一点，我们才能够重新出发。

吸取教训，从头再来！

充满正能量的人不会消极地等待结局,在痛苦中难以自拔,而是会及时调整心态,以积极的态度面对失败,并很快地从失败的阴霾中走出来。尽管这样做并不能帮我们避免失败,但是可以让我们避免成为失败的牺牲品,陷入无助的境地。请切记:我们要学会接纳失败,吸取教训,把人生的主动权掌握在自己手中。

正确地面对失败还意味着要学会原谅。一味地悔不当初、抱怨自己或他人毫无意义,也无益于迅速地从失败中走出来。与之相比,更有意义的行为是学会原谅自己和其他人,并接受他人的帮助,以便及时摆脱阴影,总结经验教训。

 活在当下

你还记得上一次去参加音乐节的经历吗?尽管当时你排了很长的队,腿又酸又痛,尽管那里人山人海,又炎热又拥挤,你还是感到非常快乐。你沉醉在美妙的音乐中,成为伴随着音乐节拍翩翩起舞的欢乐人群中的一分子,尽情享受着美好的时光。

这就是活在当下，享受生活。尽管听起来很容易做到（几乎每一本幸福教程中都会提及这一点），但是在现实生活中并非如此。我们总是会花费大量的时间、精力来制订未来几小时、几天或几周的计划，同时又一直在回想上一次与领导谈话、与好朋友争吵的情景，或是沉浸在上一次在海边度假的快乐回忆中。我们总是通过追忆过去、畅想未来，来将注意力从眼下的焦虑中转移。然而，无法将注意力放在当下只会阻断我们获取幸福的可能。

无法将注意力放在当下的做法体现了我们不懂得把握眼下的美好时光，总是臣服于追忆过去或是幻想未来的冲动。但是，这样做能让我们感到更幸福吗？如果能够时不时地在生活中停下匆忙的脚步，做一个深呼吸，感受当下的美好，是不是会更好？

当然，活在当下无法让时光定格，更无法阻止时间的流逝。但是这会带来另外一些好处：当我们将全部的注意力都放在当下，就能充分地体验和享受当下的美好，将眼前的事情处理得更好。扪心自问，在追忆过去、畅想未来和活在当下这几种生活方式中，你更喜欢哪一种？我想答案是不言而喻的。尝试将手机和相机暂时搁在家里，在参加下一次音乐节时不要录像，也不要在洒满日落余晖的海边自拍。**全身心地享受当下独一无二的美好时光吧！**

 **打破惯例**

当谈及自己的幸福生活时，我们往往非常在意他人的意见和评判。我们总是因循守旧，根据社会对幸福人生的定义去规划追求幸福的方式。但是，到底是谁规定我们必须在这些框架里生活呢？谁又能保证循规蹈矩就一定能获得长久的幸福呢？难道幸福不是来源于面对人生大事时可以自由地做出抉择吗？

这一点恰恰是真正的幸福与虚假的幸福之间的区别。有些人只是在追求大多数人追求的人生目标（比如事业成功、物质需求得到满足、拥有自己的车子和房子），不假思索地根据世俗的标准追求幸福，但是即使目标都实现了，他们也不一定会感到幸福。恰恰相反，这些一味地墨守成规的人往往会在多年后意识到他们努力追求的并不是自己的目标，而是大多数人的目标。这时，他们会变得愈发沮丧、失落——这和那些相信自己的判断、坚持自我的人真是大相径庭！

独立自主地做出人生抉择，或许不会给你带来平凡稳定的生活，但是很有可能会让你获得真正的幸福。请问问自己：我是希望通过满足周围人的期待而博得他们的喜爱呢，还是希望获得真正的幸福呢？

**为自己的人生设立规则，坚持自我，并且无惧他人质疑的人，才能缔造属于自己的幸福人生！**

 **将自己放在第一位**

你属于那种无法拒绝他人请求,事后又懊恼自己被白白利用的人吗?

虽然乐于助人是一种美德,也有益于增强我们的幸福感,但是一味付出、不懂拒绝也会给我们增添很多不必要的烦恼。我们要有意识地营造能够让自己产生幸福感的良好环境,同时自觉地与消极的思想、情感,以及会让自己消沉的人保持距离。所以,有时我们要把自己放在第一位。

只有心态健康、平衡,具有独立自主的精神的人才拥有给自己和他人带来幸福的能力。你要告诉自己,将自己放在第一位并不是利己主义,而是一种对自己和他人都好的做法。此外,你还得学会对他人说"不"。你不仅要对那些没有善待你的人说"不",也要对那些对你寄予过多期望、为你规划好人生的人说"不"。

将自己放在第一位考验的是一个人的意志力、勇气和能力。做到这一点很难,但是它带给你的好处会让你觉得一切的努力都是有价值的:你将迎来一种付出和回报成正比的幸福生活。

## 用心捕捉生活中的"小确幸"

毫无疑问,想要长期保持幸福的状态,就得树立自己的人生目标并为此而拼搏。不过,那些我们习以为常的琐碎小事也同样重要,尽管它们非常不起眼,很少引起我们的注意。对于那些天天在社交网络上晒咖啡和猫的照片,展示云彩或其他琐碎事物的人,我们常常一笑了之,殊不知他们对日常生活中这些细微事物的关注,或者说为生活增添更多仪式感的做法,其实是值得我们好好学习的。

周末睡到自然醒,地铁上一位陌生人向自己报以友善的微笑,或者耳机中突然响起自己最喜爱的音乐……这些小事看起来似乎远不如中了百万大奖、开启一场梦幻的旅行或者拥有自己人生中的第一辆汽车那样让人兴奋,但是这些我们用心捕捉到的细节、小事和美妙时刻,却在我们的平淡生活中筑造了一个个幸福小岛。久而久之,我们就会收获更多的幸福感和满足感。

想要捕捉生活中的美好,你还需要锻炼一种前文提到过的能力——"活在当下"的能力。有意识地停下忙碌的脚步,静下心来观察和感受周围的世界,这么做能帮助你捕捉到更多的"小确幸"。

 **挖掘激情**

尽管每个人的人生规划、思想观念和生活愿景千差万别,但是大多数幸福学研究者都认同一点:**幸福的人生应该是积极向上、充满激情的。**激情能让我们对生活的感受更为敏锐而强烈,创造更多的幸福时刻,并激励我们更加活跃、积极主动。总而言之,对生活充满激情有利于我们过上有幸福感的人生。

有时,你对哪些事有激情并不是那么重要,重点是你必须对某一件事保持真正的长久的激情,这样不仅能够为平淡的生活增添更多的精彩和期待,还能够帮助你减轻压力,让你的未来充满更多的可能性。

挖掘激情可以从培养兴趣爱好入手。那些爱好音乐、绘画、摄影或者雕刻艺术的人，往往富有创造性，他们也多了一种表达自我意识、展现个人思想的渠道。那些爱好健身的人不仅能从健身的过程中获取快乐，还能在许多方面获益，比如拥有健康强壮的身体、自信和满足感。顺便说一句，跳舞能够带给人强烈的幸福感，值得尝试。

总之，有一个积极向上的爱好，并能长期坚持下去，会让你感到幸福，让你的人生充满激情。不仅如此，和其他与你志同道合的人亲近也会让人感到幸福。

我的建议：

很多人在培养兴趣爱好的过程中收获了经得起岁月洗礼的友情。一个共同的新爱好还能帮一对伴侣度过平淡期，产生新的火花。我的朋友莫妮卡和她的丈夫就一起报名参加了一个舞蹈培训班。莫妮卡说，在那之后，她的伴侣在她眼中变得更加有趣、有活力和富有吸引力了。

# 以体验美好生活代替消费

如果让你在购买一部高端的智能手机和即刻开始一段旅行（假设是短途旅行）之间做出选择，你会怎么选？是智能手机吗？你确定？你想过吗，一年之后你还会满意你的选择吗？

一些幸福学研究者认为，一场充满诸多可能性的旅行有助于提升人们的幸福感。生活中，人们往往会选择通过购买一些新潮的物品来获得幸福感，但是事实上，过不了多久，这些物品就会失去吸引力。其实，我们不需要买很多东西、花很多钱也能获得幸福感，比如一场短途旅行就能给我们带来意想不到的收获和改变。

这些专家的研究显示，相比于一件物品，一段有趣、美好的经历会在我们的记忆中留存更长的时间，也更有助于增强我们的幸福感。我们会

在很长的一段时间里不断地回忆过去的经历——尤其是那些和我们喜欢的人在一起的经历。即使很多年之后，这样的记忆也会唤醒我们体内正面的情感，哪怕这段经历有瑕疵（比如在海边度假时经常下雨）也是如此。

此外，由于我们乐于与其他人分享我们的经历，因此拥有各种不同的经历意味着我们有更多谈资，可以更频繁地与他人交流，这也是我们幸福感的来源之一。除了旅行，与挚友一起听音乐会等活动同样能使我们产生长久的幸福感。

**没有什么比难忘的经历更宝贵。**现在就去体验美好的生活吧！

## 合理膳食与适量运动

你是不是觉得吃一大堆黑巧克力能给人带来幸福感？是的，事实的确如此，因为黑巧克力中含有大量色氨酸。色氨酸在预防抑郁症、改善睡眠和调节情绪方面有着非常重要的作用。

我是从哪里学到这个知识的呢？很简单，我与我的家庭医生希勒斯探讨了关于幸福的话题，并从他那里学到了不少东西，例如：血清素水平的高低会影响我们幸福感的高低；除了血清素，多巴胺的分泌也会使人产生强烈的幸福感，而多巴胺是由酪氨酸在体内制成的，豆类、部分鱼类、乳酪等食物中富含酪氨酸。希勒斯还强调，仅仅摄入那些能够促使"幸福激素"分泌的食物是远远不够的。坚持种类齐全、数量充足、比例适当的饮食原则有助于我们进一步提升幸福感，比如ω-3脂肪酸和维生素B族的合理摄入有助于调节人的情绪。

所以，**合理膳食不仅是我们拥有健康的身体的有力保障，也有利于提升我们的幸福感**。此外，也别忘了偶尔邀请亲朋好友和你一起去吃一顿丰盛的晚餐！

同时，最好将合理膳食和适量运动结合起来。别担心，收获健康和幸福并不要求每个人都成为马拉松选手。希勒斯告诉我，定期跑步、游泳、跳舞或者健走就完全足够了。适量、形式多样的运动能够促进我们的身体分泌更多的内啡肽和血清素。

最有代表性的例子就是"跑步者高潮"，这是指跑步或其他锻炼活动中突然出现的一过性欣快感，表现为强烈的健康幸福感和时空障碍超越感等。此外，在露天环境中运动、伴随最喜爱的音乐运动以及和朋友一起运动会让幸福感的提升更为明显。

那么，你还在等什么呢？

开始体验"跑步者高潮"吧！

保持微笑！

 **经常微笑**

研究表明，孩子一天大概要笑几百次，而成年人一天可能只会笑十几次。这听起来有点难以置信，难道作为成年人的我们已经忘记该怎样去笑了吗？

实际上，笑对我们的身心健康有益。笑能够促进我们体内"幸福激素"的分泌，放松我们的身心，还有稳定血压、促进消化、增强身体免疫力、减轻疼痛等一系列作用。更重要的是，我们每天只需要花两分钟的时间微笑或者做"微笑训练"就可以达到上述效果。放心，即使你不想笑，假笑也能对你产生积极的影响。**现在的你是不是已经跃跃欲试，想在每天清晨开始一场**微笑训练**了？**

##  给他人带去快乐

给他人带去快乐是提升幸福感的简便方法之一。例如：当我们为家人、朋友或者邻居送上一束让他们感到惊喜的鲜花时，不仅他们会倍感快乐，我们也会被他们快乐的情绪所感染。

这和我们大脑中的镜像神经元有着密切关系。当接受我们温馨礼物的人产生快乐情绪的时候，我们也会进入同样的情绪状态。所以，即使在心情糟糕的时候，我们也要克服情绪障碍，努力给他人带去快乐。

**另外，这样做还有一个好处，**那就是通常能够给他人带去快乐的人，也能够被他人爱戴，甚至有时候也能够得到他人准备的惊喜，这无疑会使人感到幸福。

# 维护良好的人际关系

人是一种社会性动物。寻求与他人建立联系是我们的天性,我们也非常乐于与志同道合的人生活在一起,因为这会提振我们的情绪,让我们感到幸福。事实上,拥有良好的人际关系是个人幸福感的重要来源之一。许多研究表明,有较多的朋友并与朋友保持定期互动的人,往往比那些几乎没有社交活动的人更加快乐和幸福。

在此,我要特别强调**坦诚**的重要性:只有那些用心经营友谊,乐于与朋友分享人生经历并与其坦诚相待的人,才能够获得长久的幸福感。

当然,建立友谊时,要注意索取和给予之间的平衡。如果在一段友谊中,我们只是一味索取,总是想要去利用对方,那么这样的友谊非但不能提升我们的幸福感,还会对我们有害,我们

应该尽快结束它。

　　此外，朋友遍天下也并不是提升幸福感的保障。恰恰相反，朋友圈太大的人通常没有太多时间去认真对待每一位朋友，这会导致友谊流于表面。一段历经了岁月考验、充满着相互信任的深厚友谊能够为我们带来更高层次的幸福感。**总而言之，朋友不多但有几位真心朋友的人肯定比那些成天在社交软件上添加好友的人要幸福得多。**

　　为了让你再次深刻地体会到友谊的重要性，我还在下一页中给你准备了一些问题。请你静下心来好好思考这些问题，仔细回忆你经历过的那些或温馨或甜蜜的时刻，相信这会让你产生更多的幸福感，并且由衷地感叹友谊的重要性。

现在，请你回想一下你经历过的最美好的时刻，也就是那些你发自内心地想要拥抱这个世界、倍感幸福的时刻。回想一下，当你经历这些时刻时，身边是否有朋友相伴？再想象一下，如果没有朋友的存在，情况会发生怎样的变化？也就是说，想象一下，如果没有朋友与你共同经历这些时刻，与你分享当时的快乐，你会有怎样的感受？是不是感觉非常不一样，幸福感顿时少了许多？

走出舒适区！

 迎接新挑战

当我们不断迎接新的挑战的时候,我们的幸福感会显著增加。这种体验很棒!丰富多彩、激动人心的生活往往能让人感到幸福。

所谓"挑战",并不一定是指像学习一门外语或一种乐器这样复杂的任务,只要是尝试新鲜事物就可以。对世界保持好奇,勇敢地走出舒适区、迎接新挑战可以激发我们对生活的热情,从而提升幸福感。到一个陌生的地方旅行或者做一道自己从未尝过的美食就可以达到这样的效果。所以,还等什么呢!快开始吧!

# 营造健康的亲密关系

在追求幸福的道路上,许多人都有这样一个共识:完美的爱情生活和稳定的两性关系能够给人带来幸福。很多幸福学研究者就认为,已婚人士往往比单身者幸福,而单身者又往往比离异者幸福(或者说至少是同等幸福)。

虽然已婚人士也不免要忍受孤独寂寞之苦,也会有悲伤、抑郁等消极情绪,但是拥有固定伴侣的人往往能相对顺利地解决这些问题。其中的一个重要原因就是**稳定的亲密关系通常能够给人带来安全感。**不论是从身体上还是从情感上,建立在相互信任的基础上的亲密关系都能够让人的身心更为和谐,显著地提升人的幸福感。

此外,在一段健康的亲密关系中,爱、欲望、柔情、激情等因素起到了非常重要的作

用。而这种健康的亲密关系的基础不仅包括双方和谐融洽的相处,还包括双方的相互迁就。当然,对自我需求的关照也同样重要。只有当你充分了解自己的喜好和需求并把这些信息告诉你的伴侣,你的伴侣才会知道做哪些事能够给你带来快乐和幸福。在经营一段亲密关系时,你完全可以把从电视或电台节目中听到的"金科玉律"抛在脑后。那些所谓的恋爱宝典并不适用于每个人。对一段亲密关系而言,最重要的就是双方要了解、尊重自己和对方的需求,同时最好能够尽力去满足这些需求。

 **拥抱大自然**

有一个事实对于那些"沙发土豆"（指那些什么都不干，就会拿着遥控器蜷在沙发上看电视的人）来讲可能有些难以接受：经常去郊外进行短途旅行有益于让人保持长久的幸福感。原因很简单，我们人生中的大部分时间都是在建筑物里的人造光源下度过的。平时我们一直在写字楼中的办公室里工作；业余时间，我们则会在家、健身房、酒吧或者餐馆中消磨时光。对于许多人来说，能够在大自然中走一走、看一看已经成为一种奢望。尤其在冬季，很多人很难有机会接触到含氧量高的新鲜空气、接受太阳光的照射，这也是很多人在冬季情绪格外低落的原因。

解决问题的办法其实非常简单：无论什么时候，你都应该找机会到大自然中好好地为自己补充一下能量，因为光照有助于我们体内血清素的合成，可以使我们感到快乐。

所以请尝试在短暂的午休时间或下班回家的途中尽可能地拥抱大自然吧，去享受大自然馈赠给你的幸福。这对你长期盯着电脑屏幕看的眼睛也大有裨益，因为当你望着那些绿油油的草地的时候，你的眼睛也会得到充分的放松，重新恢复活力。

# 善用色彩和气味

你知道吗？不同的色彩会潜移默化地影响我们的心理状态和舒适度。在色彩疗法中，人们会有意识地运用颜色的变化来促进身心健康。例如：温暖的橙色不仅能够让你联想到幸福的生活，还能让你充满生气。

当然，这并不意味着我们要一直盯着橙色的事物看，相反，这样做会使橙色的作用大打折扣。此外，不同的人对同一种颜色的感受也是截然不同的，这和个人的生活经验、情感经历有关系。有些人看见蓝色会开心地微笑，因为这种颜色会让他们回忆起在海边度过的美妙的假期，而对另外一些人来说，红色、黄色和橙色才会给他们带来幸福的感觉。

除了色彩，气味也是身处大自然能够让人

感到幸福的因素之一。和色彩一样，气味也会直接影响我们的潜意识，至于哪一种气味能让人感到快乐，至今仍然没有一个统一的答案。较为人熟知的能让人感到快乐的气味有柑橘属植物的气味，还有薰衣草、香草等植物的气味。由于我们从一生下来就开始感知气味，因此个人的经历也会影响我们对某种气味的喜爱程度。

无论如何，你只需要记住一点：色彩、气味能够影响人的情绪，至于哪种颜色、哪些气味能给人带来幸福的感觉，这往往因人而异。

**能够帮你提升幸福感的色彩和气味需要你自己通过努力去寻找。**现在就开始尝试一下吧！

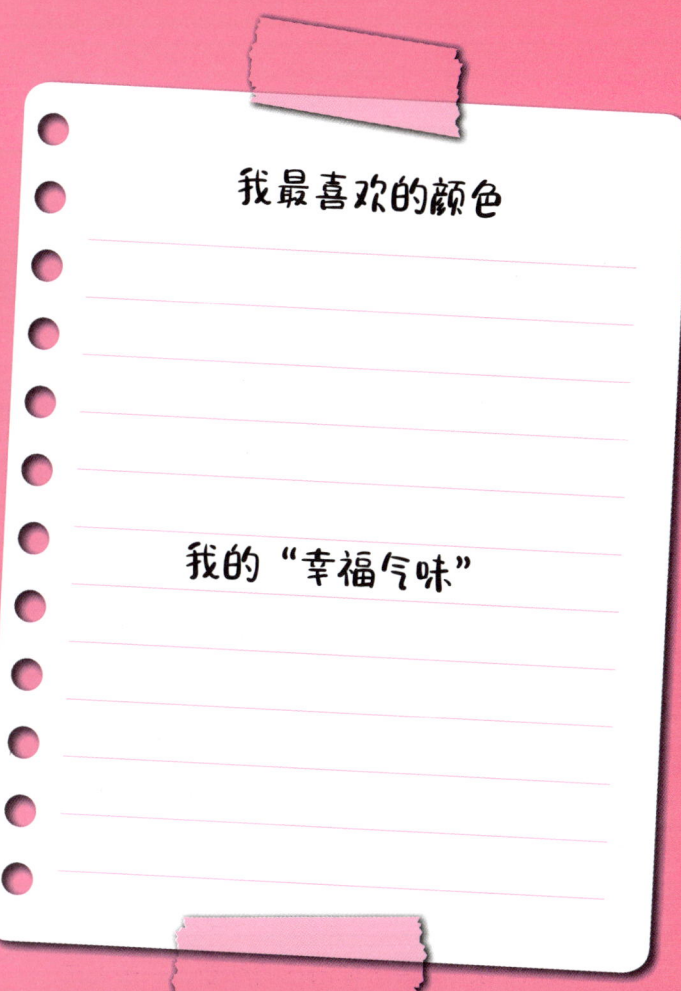

我最喜欢的颜色

我的"幸福气味"

 **休息与放松**

有些时候,我们恨不得一天能有50个小时。在那些忙碌的日子里,除了马不停蹄地应付一个接一个的约会,我们还要应付家庭和工作中的繁杂事务,直到体内最后一丝精力被抽干……至于下一次度假旅行,完全是遥不可及的事。

如果没有时间去休息和放松,我们很快就会感到筋疲力尽,丧失对幸福的感知力。所以下面这一点非常重要,那就是要学会在紧张忙碌的日常生活中寻找放松和休憩的机会,坚定不移地为自己保留休息的时间,把定期放松变成一个固定的习惯。**记住,即使是休息和放松这种看起来很简单的事也是需要训练的!**

至于哪种形式的休息能让你得到真正的放松,很大程度上取决于你自己的感受。一些人可能需要进行呼吸训练或练瑜伽，而另一些人可能只需要进行简单的户外运动和呼吸新鲜空气。对我个人来说，有时候戴上耳机听一下我最喜欢的音乐就足够让我放松下来了。

## 心怀感恩

当我在为写这本书寻找素材的时候,有一个好朋友的故事深深地打动了我。他说,他在很长一段时间里都像是一辆不停超车的赛车,尽管一切都很成功,但是对于取得的成就,他从未真正地感受到快乐。直到有一天,他突然生了一场重病,一夜之间,每一天都变得宝贵起来。当临近死亡时,他才意识到原来拥有生命并不是一件理所当然的事,我们每个人都应该真诚地感恩当下拥有的一切。

最终,他奇迹般地恢复了健康。从那以后,他看待这个世界的眼光发生了巨变。这段经历启迪了他如何去寻找真正的幸福。

事实上，感恩之心是获得幸福最重要的一把钥匙。只有那些将过多的索取、过高的期待和认为一切所得都理所当然的心态抛之脑后，对生命中那些哪怕看起来微不足道的快乐也心怀感恩的人，才能够成为真正幸福的人。

最近的一些研究还指出，懂得感恩的人也会更乐观、更富有同情心和更乐于助人。但是人们还没有弄清楚是因为有感恩之心才具有这些品质，还是因为具有这些品质才产生了感恩之心。此外，心怀感恩还有助于我们保持身体健康。

因此，在追求幸福的过程中，我们应当时常停下脚步，对那些出现在我们生命中的美好事物和那些可爱的人说一声：谢谢！

我的建议：

让感恩成为你的习惯。在每天早上或者晚上，花一点时间仔细思考一下那些你觉得应该感谢的人或事。如果你还是重复着过去那种不知感恩的生活，你的幸福感也不会增加。重要的是，你要不断地强化感恩一切的心态，尤其是对那些你想当然地认为自己理应拥有的一切。

# 结语

无论是男人还是女人，老人还是小孩，穷人还是富人，大多数人一生所追求的终极目标就是过上幸福的生活。但是许多人都不知道的是，幸福源于我们的躯体，不是拥有更多的物质财富或者更高的社会地位就能拥有的。实际上，通过调整心态、改善生活方式等手段，我们反而更容易获得幸福。

幸福并不是一个宏大的目标或是一种终极状态，它会随着生活的变化不断被赋予新的内涵。这需要我们建立一种积极乐观的心态和着眼于当下的生活方式。做出追求幸福的决定是实现幸福人生的基础，也是采取的所有行动中的第一步。

现在你应该做什么？从根本上来说，你应该

把通往幸福之门的钥匙牢牢地握在自己的手中。请仔细想一想哪些因素能够提升你的幸福感。不要让自己被他人的观点左右，你应当勇敢地找到属于自己的幸福之路。

  希望我介绍的方法能够让你有所启发，也希望你能够大胆地尝试新的方法。祝你在追求幸福生活的旅程中能够获得足够的乐趣，并最终获得成功。当然，也祝你幸福！

米苏夫人